AF457770

# RÈGLES PRATIQUES

POUR LES SOINS A DONNER

AUX

# MACHINES LOCOMOTIVES,

DANS LES STATIONS, EN ROUTE,
ET EN CAS D'ACCIDENT;

PAR CH. HUTTON GREGORY,

ingénieur civil;

TRADUIT DE L'ANGLAIS

PAR ADOLPHE CASTIAU,

ingenieur civil.

Anzin,

IMPRIMERIE DE BOUCHER-MOREAU.

1842.

# RÈGLES PRATIQUES

POUR LES SOINS A DONNER

AUX

# MACHINES LOCOMOTIVES

DANS LES STATIONS, EN ROUTE,

ET EN CAS D'ACCIDENT.

---

## SOINS DE LA LOCOMOTIVE EN STATION.

La parfaite inspection d'une locomotive en station, et la manière de la gouverner judicieusement lorsqu'elle marche, sont essentiels à l'accomplissement de sa tâche, et à la sûreté des voyageurs.

Une machine qui est en station, avant d'entreprendre un trajet, doit avoir ses tubes débouchés et entièrement libres, le feu entretenu convenablement, les barreaux dégagés de scories, le régulateur fermé à clef, le frein du tender serré fortement, le levier à changer le mouvement au point milieu, afin que les tiroirs soient désembrayés, les robinets des vases à l'huile et ceux des pompes alimentaires fermés ; la soupape de sûreté soufflant à la pression de 2 $^1/_2$ atmosphères ; s'il en sortait trop de vapeur, on en projetterait la surabondance dans l'eau du tender qu'elle échaufferait, et on ouvrirait la porte de la caisse à fumée pour diminuer l'intensité du feu : on la refermerait 10 à 15 minutes avant le départ.

Avant l'heure du départ, le machiniste aura soin que tout soit en bon état. Il ira, à cet effet, sous la machine, et visitera soigneusement et en détail le mécanisme, qui sert au mouvement des tiroirs.

La bielle est une pièce importante, et, sujette peut-être plus que toute autre à être mise hors de service faute d'inspection. Ses clavettes devront être fermes, on les serrera si les coussinets ont trop de jeu, mais jamais au point de donner lieu à un excès de frottement. Leurs vis de pression, si elles en ont, devront être serrées. Elles porteront toutes à leur extrémité une goupille fendue, pour plus de sécurité. Celles qui joignent les tiges de piston aux têtes d'attache seront fermes en place, ainsi que les vis de pression, les clefs et les autres pièces d'assemblage qui servent à assujettir les plongeurs des pompes alimentaires aux tiges des pistons.

On examinera les coussinets placés dans les longerons intérieurs qui servent de support à l'essieu coudé, et, si cela est nécessaire, on en diminuera le jeu en serrant les vis. Les roues seront bien verticales, fermes sur leurs essieux et calées solidement. Tous les boulons et chevilles d'assemblage du mécanisme qui donne le mouvement aux tiroirs, les tiroirs et les leviers seront bien assujettis, les écroux à cremaillère des arbres de distribution ainsi que leurs ressorts, seront particulièrement visités, car, s'ils avaient de la mobilité, ils détermineraient, en tombant sur la voie, l'arrêt de la machine. On étendra cet examen au mouvement à la main, s'il y en a un, et on vissera les boulons qui fixent les paliers des arbres de distribution, s'ils ont de la mobilité.

Les colliers d'excentrique devront jouer librement, et les excentriques être fermes sur l'essieu ; sans cela, les échappemens donneraient inégalement. Si l'on remarquait une fuite de vapeur aux calefats des tiges de piston ou de tiroir, ou une fuite d'eau aux joints des pompes alimentaires, on resserrerait les écroux. On enlèverait soigneusement avec du coton l'ordure qui se serait accumulée sur quelque coussinet ou quelque assemblage.

L'inspection du dessous de la locomotive étant terminée, le machiniste examinera les bouts des tubes de la chaudière, et s'il y remarque des fuites sérieuses, il fera bien d'enfoncer une cheville dans chaque entrée du tube défectueux. Il introduira quelquefois du bon suif dans les boîtes des tiroirs et dans les cylindres pour graisser les pistons. C'est ce qui s'effectue au moyen des robinets placés à l'extérieur de la caisse à fumée ou dans les couvercles des cylindres, et des trous ménagés dans les couvercles des boîtes de tiroirs, lesquels sont bouchés par des tampons. Il retirera les cendres de la caisse à fumée, et refermera avec soin la petite porte affectée à cet usage.

On présentera quelquefois le calibre sur les roues, et on ne laissera jamais sortir la locomotive dont les roues auront éprouvé une déviation dans leur écartement, ou dans leur perpendicularité par rapport à l'essieu.

Si la machine porte des vases à l'huile avec tuyaux qui distribuent ce liquide aux pistons, coussinets, etc., le machiniste veillera à ce qu'ils soient pleins, que les mèches en coton de l'orifice des tuyaux plongent dans l'huile. Il veillera aussi à ce que les boîtes à graisse des essieux soient pleines, et les goujons, menottes, etc., des ressorts en bon état. Il s'assurera du tirant qui lie le tender à la machine et accrochera les chaînes de sûreté.

Le tender devra être plein d'eau et de coke. Un machiniste ne doit jamais se mettre en route sans en avoir vérifié l'approvisionnement. Il est impossible de donner une règle générale sur la quantité d'eau vaporisée et de coke consommé par kilomètre avec la même machine, car cette consommation dépend de l'effet utile qu'elle produit. — L'approvisionnement de coke est ordinairement à peu près double de celui d'eau. — On peut admettre que l'eau que la plupart des tenders contiennent est suffisante pour le parcours de 48 kilomètres en toute sûreté;

car, si d'un côté, lorsque les rampes sont raides, le chargement lourd et les stations fréquentes, on a souvent besoin d'une plus grande quantité d'eau ; de l'autre, avec une charge légère, on ira quelquefois plus loin sans être obligé d'arrêter. Les inconvéniens qu'entraîne la nécessité d'arrêter fréquemment et les dépenses qu'occasionne l'entretien d'un grand nombre de stations pour l'approvisionnement de coke et d'eau, ont, dans ces derniers temps, déterminé à construire de grands tenders à six roues, qui, étant d'une capacité supérieure, permettent un plus long parcours.

Avec un peu d'habitude, l'examen, que nous venons de décrire, ne demande que peu de temps. Il devra être terminé et la locomotive attachée en tête du convoi, cinq minutes au moins avant le départ. Alors, on versera copieusement, avec une burette, de l'huile dans les godets des guides, des bielles, etc., et sur toutes les surfaces frottantes qui ne reçoivent pas l'huile par les tuyaux distributeurs. On ouvrira les robinets des grands vases à l'huile, et on abaissera la balance de la soupape de sûreté jusqu'au chiffre qui indique la pression à laquelle on marche, soit 3 atmosphères.

Pour être sûr que l'examen se fera convenablement, on obligera le machiniste à remettre, avant le départ[1], entre les mains du chef de la station, une attestation constatant qu'il a visité sa machine et qu'il l'a trouvée en bon état.

Le tender devra toujours être muni de plusieurs objets dont on peut avoir besoin durant la marche de la locomotive, et en cas de dérangement ou d'accident. En voici la liste :

Un grand vase à l'huile, une ou deux burettes, une boîte de suif, du coton, du chanvre, des tresses, une brosse, des clefs allant sur les principaux boulons, une grande et une petite clefs anglaises, une verge pour déboucher les tubes, un tissonnier, une lance, une pelle et une rasette. Quelques chevilles en fer ou en bois, une chasse en fer pour les enfoncer, un maillet de trois kilogrammes, deux burins, un marteau, une lime, des rondelles de rechange, les doubles des principaux boulons, écroux, chevilles, clavettes, etc., des cordes de différentes grosseurs, de la ficelle goudronnée, un sceau, deux longs leviers, une chaîne d'attache de rechange avec anneau et crochet, quelques coins en bois d'environ 60 centimètres de longueur sur 10 à 12 de largeur, et 7 centimètres d'épaisseur.

On ajoutera, pour les longs trajets, deux clapets de pompes alimentaires de rechange et un cric.

---

## SOINS D'UNE LOCOMOTIVE EN ROUTE.

Il se présente souvent, lorsque l'on gouverne une machine locomotive, des circonstances imprévues qui exigent ce tact que donne l'expérience seule. Il serait presqu'impossible de les détailler dans cet ouvrage où l'auteur croit, néanmoins, avoir consigné les principes indispensables à connaître pour la conduite des locomotives.

Au signal du départ, le machiniste n'ouvrira que légèrement le régulateur, et laissera le convoi s'avancer de quelques mètres avant de l'ouvrir tout-à-fait ; c'est ce qu'il exécutera peu à peu. En ne donnant qu'une légère ouverture au régulateur au départ, on a pour but d'abord d'éviter aux voyageurs une secousse désagréable et qui peut rompre les attaches, ensuite d'empêcher le glissement des roues motrices qui a lieu, lorsqu'en mettant brusquement en action toute la puissance de la machine, leur adhérence ne suffit pas à vaincre l'inertie du convoi. Enfin, l'ouverture entière du régulateur en partant, à l'effet de lancer par la cheminée une grande quantité d'eau provenant de la vapeur qui s'est condensée dans les cylindres et les conduits pendant le stationnement de la locomotive. Lorsque ce dégorgement aura lieu, on ouvrira les robinets de décharge des cylindres pour en évacuer l'eau. Au sortir de la station, et souvent durant le trajet, le machiniste jettera un regard derrière lui pour s'assurer que tout est bien et que le mouvement est uniforme.

Le machiniste se tiendra debout sur le plancher de la locomotive qu'il ne quittera pas, à moins d'un dérangement dans le mécanisme, et, dans ce cas, il se fera remplacer par le chauffeur. Il gardera autant que possible une position qui lui permette d'avoir sous la main, et sans bouger de place, le levier à changer le mouvement, le sifflet et le régulateur qui sont les pièces qu'il doit souvent manœuvrer au moindre indice. Il tiendra d'une main le régulateur qu'il fermera doucement, lorsqu'il aura atteint la vitesse convenable, afin de ménager la vapeur sans ralentir la marche du train. Il aura constamment les yeux sur les rails pour apercevoir immédiatement les obstacles qui peuvent se rencontrer, et il portera, en même temps, toute son attention à maintenir une quantité suffisante de vapeur à une pression constante. Il y parviendra, s'il a soin de saisir les momens favorables pour l'alimentation de la chaudière et la charge du foyer.

Pour introduire l'eau dans la chaudière, on ouvre les robinets des pompes alimentaires, c'est ce qui permet à celles-ci d'agir. Le niveau de l'eau se reconnaît ordinairement à l'aide du tube de verre et des trois robinets d'épreuve qu'on ouvre de temps en temps (spécialement lorsqu'on arrête), parce qu'ils donnent une indication plus exacte que le tube de verre.

Une seule pompe qui jouerait constamment fournirait, dans la plupart des machines, assez et même trop d'eau pour remplacer celle qui se perd par la vaporisation; ainsi, en ouvrant et en fermant le robinet de l'une des pompes, ou des deux, le machiniste aura toujours la possibilité de régler à volonté le niveau de la chaudière.

On admettra comme règle invariable, qu'il ne doit jamais sortir que de l'eau par le robinet inférieur (qui est de 2 à 4 centimètres au-dessus du plafond de la caisse du foyer), afin qu'il en reste assez sur la caisse du foyer et les tubes pour les empêcher de brûler. Comme peu de machines permettent d'élever le niveau au-dessus du robinet supérieur sans lancer de l'eau par la cheminée, on le laissera varier entre ces deux points, selon la quantité de vapeur dont on aura besoin.

Le niveau est plus haut dans la chaudière, lorsque la machine est en mouvement que lorsqu'elle est arrêtée ; et il est au point favorable au travail de la plupart des locomotives, quand le robinet du milieu donne issue à de l'*eau* pendant la marche et à de l'*eau* et de la *vapeur* pendant l'arrêt. Le machiniste est quelquefois obligé de laisser descendre l'eau un peu plus bas ; mais il est toujours bon, lorsque la charge est forte de la maintenir aussi haute que possible.

On observe que les variations dans la pression de la vapeur entraînent des variations correspondantes dans le niveau de l'eau, c'est-à-dire que la surface de ce liquide monte ou descend, selon que la pression de la vapeur s'élève ou s'abaisse. C'est en partie pour cette raison, et en partie pour produire de la vapeur plus rapidement, qu'on n'alimente pas, en général, au départ du convoi. La connaissance de ce fait démontre aussi la nécessité d'élever l'eau au-dessus du point ordinaire, avant de laisser décroître la pression de la vapeur.

Lorsque la locomotive gravira une rampe, on tiendra plus d'eau sur la caisse du foyer que lorsqu'elle cheminera sur un plan horizontal, afin que les extrémités des tubes vers la cheminée en soient recouvertes.

Le moment le plus favorable pour faire jouer les pompes alimentaires, est celui où la vapeur s'échappe avec force par la soupape de sûreté et où le feu est fort. Le moins favorable est celui où la vapeur et le feu sont faibles. En effet, le machiniste doit s'appliquer à ne pas se trouver forcé d'alimenter, car l'introduction de l'eau dans la chaudière diminue rapidement la production de vapeur.

Lorsqu'on veut connaître la tension de la vapeur, on baisse ou on lève avec la main, pour un instant, le levier de la soupape de sûreté, selon que la pression est supérieure ou inférieure à celle à laquelle on marche: avec un peu d'habitude, on juge promptement de son degré d'intensité.

Il ne faut pas faire agir les deux pompes alimentaires en même temps.

On ne laissera jamais tomber le niveau de l'eau avant d'arriver à une partie de route qui nécessite l'emploi de beaucoup de puissance, car la vaporisation a lieu plus rapidement quand les robinets des deux pompes sont fermés, et cette dernière mesure serait imprudente lorsque l'eau est basse.

Le machiniste, après avoir ouvert le robinet de la pompe alimentaire, essaiera le robinet indicateur pour s'assurer que la pompe fonctionne bien : l'eau en sortira en jets alternants. Il arrivera souvent que ce robinet laissera échapper, en premier lieu, de l'eau chaude et de la vapeur. La continuation de cet effet dénoterait que le clapet supérieur n'agirait pas, et si l'eau sortait sous forme de jet continu sans pulsations, ce serait l'indice que le clapet inférieur serait dérangé. Dans l'un et l'autre cas, il ne sera pas prudent de compter trop sur la pompe en défaut. Néanmoins, on parviendra souvent à la faire prendre en la laissant jouer quelque temps avec le robinet indicateur ouvert, ou en ouvrant et fermant celui-ci alternativement.

Le chauffeur recharge le feu d'après l'ordre du machiniste. Celui-ci tient d'une main la chaîne de la porte du foyer qu'il laisse ouverte le moins de temps possible chaque fois que le chauffeur introduit une pelletée de coke. La pelle doit être chargée complètement, et le coke réparti également sur le feu.

Il n'est pas nécessaire, dans la plupart des machines, que le combustible soit plus haut que le dessous de la porte du foyer. Mais, si on le laissait tomber de 15 à 20 centimètres au-dessous, on ne devrait pas s'attendre que la pression de vapeur se soutînt, lorsque la machine traînerait un chargement.

Les charges de combustible seront régulières et combinées de façon que le feu soit intense au moment où on a le plus besoin de vapeur. Comme la recharge du foyer diminue momentanément l'ardeur du feu, elle ne devra pas avoir lieu en abordant une rampe ou une partie de route qui exige beaucoup de puissance; mais on introduira du coke en faibles quantités pendant qu'on gravira la rampe, lorsque la machine laissera entendre des échappemens moins rapprochés. — Le tirage est alors puissant, et, pour maintenir le feu intense, il faudra le recharger régulièrement.

Dans d'autres circonstances, le meilleur moment pour recharger le feu, s'il est assez bas pour recevoir du coke, est celui où le niveau de l'eau est assez haut pour permettre de fermer les robinets des pompes alimentaires, que la vapeur s'échappe légèrement par la soupape de sûreté, et que la machine est animée d'une bonne vitesse.

On ne peut donner des instructions précises sur la fréquence des charges de coke, car elle varie selon le travail que l'on exécute et, par conséquent, selon l'eau que l'on vaporise. En cas d'une lourde charge et de rampes difficiles, on introduira du coke dans le foyer, tous les 3 kilomètres. Dans des circonstances contraires, une machine parcourra quelque fois 24 kilomètres sans recharger le feu.

On pourra laisser tomber un peu le feu avant d'atteindre le sommet d'un plan incliné dont la descente ne nécessitera pas l'emploi de la vapeur. Lorsqu'on commencera à descendre, on introduira dans le foyer du combustible qui s'allumera pendant que le train gagnera le bas du plan.

Il sera bon, si l'on veut maintenir la tension de la vapeur, de ne pas alimenter en même temps que l'on rechargera le feu.

Durant le trajet, le chauffeur dégagera quelquefois l'entrée des tubes pour faciliter le tirage.

Par l'observation de ces règles dans l'alimentation et dans la recharge du foyer, on obtiendra la quantité requise de vapeur que le machiniste doit toujours chercher à économiser. A cet effet, le régulateur ne sera jamais tenu trop ouvert. On en rétrécira de beaucoup l'ouverture sans ralentir la marche, aussitôt que le train aura atteint la vitesse voulue. Toute diminution dans la consommation de vapeur entraînant une diminution correspondante dans la consommation en coke, le machiniste s'efforcera, sans cesse, de réduire ce lourd article de dépenses des chemins de fer.

S'il arrivait qu'il y eut surabondance de vapeur, on y remédierait promptement en ouvrant la porte du foyer et en faisant jouer les pompes alimentaires. S'il en manquait, le machiniste modérerait la vitesse pendant quelque temps, ne donnerait qu'une légère ouverture au régulateur, et chargerait peu à peu le foyer.

Lorsque la chaudière est grosse, la plupart des machines projettent de l'eau par la cheminée, surtout après plusieurs jours d'activité. Lorsque cet effet aura lieu, on réduira l'ouverture du régulateur, on ouvrira la porte du foyer ainsi que les robinets de décharge des cylindres. Si le niveau de l'eau le permet, on ouvrira, pour un instant, l'un des robinets de vidange de la chaudière pour en chasser le sédiment. On trouvera cette opération avantageuse.

Le machiniste portera fréquemment la vue sur le mécanisme pour s'assurer s'il est en bon état, ou s'il a besoin d'être rajusté à la prochaine station.

Lorsqu'on ne sera plus éloigné que d'un kilomètre environ d'une station où l'on doit arrêter, on commencera, pour mieux maîtriser le train, à fermer le régulateur peu à peu et de manière que l'admission de vapeur soit complètement interceptée à une distance variant de 400 à 800 mètres, selon la vitesse et la charge remorquée ; on abaissera ensuite les freins. A l'approche des stations extrêmes, on fermera le régulateur plus tôt qu'aux stations intermédiaires, pour ne pas s'exposer à dépasser le point d'arrêt, si les freins venaient à manquer. Il faut bien se mettre dans l'esprit que ceux-ci ont beaucoup moins d'action par les temps humides ou par les gelées, et qu'alors il faut nécessairement fermer plus tôt le régulateur. On évitera, autant que possible, de faire usage du levier à changer le mouvement ; on pourra quelquefois le placer au point milieu (celui où les tiroirs sont débrayés), mais jamais dans la position opposée, à moins qu'il n'y ait urgence d'arrêter le convoi.

Aux stations intermédiaires, le chauffeur huilera tous les coussinets que les grands vases à l'huile n'alimentent pas, et remplira les godets des bielles, des tiroirs, etc. Si quelques coussinets s'échauffaient, il verserait dessus de l'huile copieusement, et leur donnerait du jeu, si cela était nécessaire. Il examinera aussi à la hâte tout le mécanisme, pour s'assurer qu'il n'y manque rien. Il portera une attention particulière sur les coussinets des essieux et surtout sur ceux de l'essieu coudé qui s'échauffent quelquefois, en marchant, au point qu'on est forcé de les arroser avec de l'eau froide.

Lorsque les roues motrices tourneront folles à la mise en mouvement du convoi, on rétrécira l'ouverture du régulateur qu'on r'ouvrira peu à peu et à mesure que les roues prendront de l'adhérence. Le chauffeur est quelquefois obligé de semer des cendres, du sable, etc., en avant des roues. Il existe aujourd'hui, sur l'avant de quelques machines, des trémies que l'on ouvre à l'aide d'une tige mise à la portée du machiniste ; elles servent à projeter du sable sur les rails en avant des roues motrices.

Si le glissement a lieu d'une manière inaccoutumée, on en inférera que les roues motrices ne supportent pas assez de poids et que les ressorts ont besoin d'être tendus. C'est ce qui s'effectue en vissant les écroux des boulons qui les supportent, ou si les ressorts sont tenus au chassis par des menottes, en alongeant leurs goujons à la première rentrée de la machine dans l'atelier de réparations. Le manque de poids sur les roues de devant ou sur celles de derrière est indiqué par le tangage de la locomotive, et on y porte remède de la même manière.

On fermera peu à peu le régulateur, quand la machine ou le train prendra un mouvement de tangage, ou éprouvera des secousses violentes dans les courbes à petit rayon, surtout si elles sont doubles, aux croisemens de voie, dans les parties de route défectueuses et dans la descente de plans inclinés dont la pente suffit à imprimer au train, sans faire usage de la vapeur, la vitesse de 48 kilomètres à l'heure. Si l'on s'apercevait que l'on descendît ces plans avec une vitesse supérieure, on la modérerait par une légère application du frein. Une limite est assignée à la pression de vapeur sur presque tous les chemins de fer, et le machiniste ne peut, sous aucun prétexte, la dépasser, en surchargeant la balance, ou en tenant la main dessus plus d'un instant. S'il y avait deux soupapes de sûreté, celle qui est hors de la portée du machiniste serait réglée à la limite de la pression, et l'autre un peu au-dessous. Il est utile d'avoir un arrêt placé sous le levier et fixé sur la vis de la balance à ressort, pour empêcher d'abaisser cette dernière, par inadvertance, plus que ne le comporte la pression à laquelle on marche.

Le sifflet a manifestement pour objet d'avertir du danger. C'est sous ce point de vue que son usage n'est permis sur quelques chemins de fer qu'en cas d'urgence : mais la variété des modulations dont il est susceptible, l'a fait adopter sur d'autres lignes comme avertissement fréquent. Lorsqu'il en est ainsi, on regarde, comme mesure de sûreté, de prévenir de l'arrivée ou du départ du convoi, en le manœuvrant aussitôt qu'on a fermé le régulateur à l'approche d'une station, et en en donnant deux petits coups avant de mettre la machine en mouvement. Le machiniste ne devra alors siffler avec force qu'en cas de danger.

Comme on n'a besoin que de peu de force en arrivant au terme du trajet, on ouvrira les robinets des deux pompes alimentaires à quelque distance de la station, à moins que la machine ne doive repartir immédiatement. Pour le stationnement d'une heure environ, le niveau de l'eau devra être de beaucoup au-dessus du robinet du milieu (lorsque la locomotive est immobile). Pour cet effet, on alimentera avec les deux pompes à compter de 800 à 1,200 mètres de la station. On réduira, en même temps, la charge de la soupape de sûreté pour une pression de 2 atmosphères.

Lorsqu'on se servira d'une corde pour l'entrée du convoi dans la station, on aura la précaution de la tendre peu à peu en faisant avancer doucement la machine qu'on arrêtera au signal de la personne préposée à la manœuvre de ce grelin.

Il serait prudent de faire l'inspection qui a été décrite précédemment, à l'arrivée de la locomotive dans la station, afin d'avoir suffisamment de temps pour entreprendre les réparations dont elle aurait besoin.

Lorsque la locomotive accomplira son dernier trajet de la journée, on n'introduira pas de combustible dans le foyer pendant le parcours des derniers 15, 25 ou 32 kilomètres : cette distance variera selon la charge. En effet, si les pentes sont favorables, on pourra négliger le feu de manière qu'il soit presqu'entièrement tombé lorsque la machine arrivera au terme de sa course. On alimentera avec les deux pompes à une grande distance de la station d'arrivée, afin que le niveau de l'eau dans la chaudière soit à la hauteur et même au-dessus du robinet supérieur, quand la machine est arrêtée, et on réduira la charge de la soupape de sûreté pour une pression de 2 atmosphères.

Lorsque la locomotive est placée au-dessus de la fosse pour vider le foyer, on ouvre la porte de la caisse à feu et on introduit la lance entre les barreaux pour en extraire deux ou trois ; c'est ce qui permet d'écarter les autres, et de faire tomber le feu dans le cendrier, d'où il est retiré par le chauffeur à l'aide de la rasette.

On ne permettra jamais de faire évacuer la totalité de l'eau d'une chaudière par la pression de la vapeur, sans un ordre exprès de l'inspecteur des locomotives motivé sur le dépôt d'une quantité de boue inaccoutumée, car cette opération renouvellée fréquemment produit un effet nuisible sur la caisse à feu et les tubes.

---

## SOINS D'UNE LOCOMOTIVE EN CAS D'ACCIDENT.

Les machines locomotives étant sujettes à divers accidens, durant leur marche, il est important que le machiniste sache comment il agira avec promptitude quand ils surviennent. Nous en rapporterons ici plusieurs, en indiquant les mesures propres à chacun des cas qui peuvent se présenter.

1°. *Rupture d'un tube.* — Le machiniste arrêtera la locomotive et enfoncera une cheville dans chaque entrée du tube. Il arrive souvent que l'eau et la vapeur s'échappent avec tant de force qu'il est impossible de découvrir le tube défectueux : en faisant marcher la machine à quelque distance, tout en alimentant avec les deux pompes, on parviendra peut-être à réduire assez la pression de vapeur pour permettre au machiniste d'opérer sans danger. Mais si le jet d'eau et de vapeur est encore trop fort, il tâchera de conduire son train dans une gare d'évitement, et videra le foyer pour éviter toute détérioration à la caisse à feu et aux tubes. Lorsque l'eau sera baissée jusqu'au niveau du tube défectueux, il enfoncera aisément les chevilles et rallumera le feu. Souvent une fuite d'eau assez considérable se déclarera à un tube, sans que, pour cela, il soit nécessaire d'arrêter le convoi, mais il aura alors la précaution de ne pas consommer trop de vapeur, ni de donner trop d'intensité au feu.

Quelquefois, par suite de la rupture d'un tube ou par suite d'autres causes, l'enveloppe de la chaudière prend feu ; on l'éteint en prenant avec un sceau de l'eau dans le tender, ou à la grue d'alimentation de la station.

2°. *Dérangement de l'une des deux pompes alimentaires.* — Dans ce cas, on portera ses soins à ce que l'alimentation avec une seule pompe suffise ; on introduira le coke dans le foyer régulièrement et en faibles quantités ; on ménagera la vapeur, sinon le niveau de l'eau s'abaisserait trop. On remettra en état la pompe aussitôt qu'on le pourra : c'est ce qui se fera souvent dans l'intervalle de deux trajets.

3°. *Rupture d'un ressort.* — C'est un accident pour lequel il n'y a pas nécessité d'arrêter le convoi ; mais, comme alors le mouvement du remorqueur donne lieu à une traction inégale, on marchera avec précaution sur les parties de routes défectueuses. Si on ne peut y remédier aux stations, on cessera de faire fonctionner la machine le plus tôt possible.

4°. *Rupture d'une bielle ou sa disjonction*, par suite de la perte de clavettes, de la rupture de brides, etc. — Cet accident et toutes les disjonctions qui permettent à la vapeur de chasser avec violence le piston d'une extrémité à l'autre du cylindre, causent des dégradations dispendieuses aux cylindres et à leurs couvercles. Une bielle détachée nuisant sérieusement au mécanisme, et pouvant même causer le déraillement du remorqueur, on arrêtera aussitôt le convoi, et, si cela est possible, on la rattachera; dans le cas contraire, on l'enlèvera, et, si l'on se trouve sur un palier horizontal ou sur une pente, on parviendra quelquefois à remorquer le train avec un seul cylindre. A cet effet, on détachera la tige de tiroir du cylindre inutile du mécanisme qui en opère le mouvement, en dévissant les écroux, et on placera le tiroir au milieu de sa course, de manière qu'il recouvre les deux ports d'admission.

Si la machine ne parvient pas à remorquer le convoi, elle courra chercher du secours, mais, chaque fois qu'elle devra rester en place, on videra la caisse à feu aussitôt que l'eau se sera abaissée au-dessous du robinet inférieur.

5°. *Rupture ou disjonction des excentriques, ou du mécanisme qui opère le mouvement des tiroirs.* — Dans les machines sans mouvement à la main, si l'on ne peut rattacher les pièces, on essaiera, comme précédemment, de marcher avec un seul cylindre. Lorsque le mécanisme de distribution est hors de service, les machines, qui ont un mouvement à la main, possédent sur les autres l'avantage de pouvoir être manœuvrées à la main quand un seul cylindre ne suffit pas à la remorque du convoi, faute d'action sur la manivelle aux points de centre, lors de la mise en marche.

6°. *La rupture du cadre de tiroir* rend inutile le cylindre du côté où elle arrive et n'a aucun effet sur l'autre. Le tiroir sera détaché et mis au milieu de sa course, puis, on tâchera de marcher avec un seul cylindre.

7°. *La disjonction d'un piston*, par suite de la rupture d'une clavette, provient quelquefois de ce que l'on a intercepté subitement l'action de la vapeur pendant que la machine était animée d'une grande vitesse en traînant une forte charge. On détachera aussi, dans ce cas, le tiroir et on le mettra au milieu de sa course; on séparera la tige de piston de la bielle, et on enlèvera cette dernière pour l'empêcher de dégrader le mécanisme.

8°. *La rupture d'un essieu* est un accident qui fait presque toujours verser une machine à quatre roues, et cause l'arrêt du convoi, en attendant du secours, lorsque la machine est montée sur six roues.

9°. *Déraillement de la locomotive.* — Avec un machiniste soigneux, attentif aux signaux qu'on lui donne, s'assurant de la position des rails mobiles, arrêtant lorsqu'il s'aperçoit qu'il y aurait du danger à aller plus loin, cet accident se présente rarement. Si la machine est déraillée en un endroit où le sol est résistant et n'a pas été jetée loin des rails, on pourra quelquefois la replacer sur la voie à l'aide de crics et de longs leviers.

Mais si le sol est mouvant, et qu'elle a été lancée loin des rails, on retirera aussitôt le feu et on prendra bien garde à ce qu'elle ne s'enfonce profondément dans le terrain.

On commencera par séparer le tender de la locomotive, et, comme il est moins lourd, on pourra le pousser hors du chemin, afin d'avoir plus de place pour opérer sur la machine. Si celle-ci est renversée sur l'un de ses côtés, on la relèvera promptement ; à cet effet, on appliquera sous le chassis, en deux points, si cela est possible, les bouts de deux longs leviers, sur lesquels pèseront plusieurs personnes ; et, à mesure qu'ils soulèveront la machine, des crics, s'appuyant sur des cales en bois, la suivront dans son mouvement et la soutiendront. Lorsqu'elle sera relevée, on l'étaiera solidement avec des pièces de bois placées sous le chassis, on enlèvera avec précaution la terre attachée aux roues, on glissera sous celles-ci un rail qu'on aura soin de fixer aussi solidement que possible sur des pièces de bois posées auparavant, et qu'on évitera de déranger. On répétera cette opération de l'autre côté et on introduira des traverses sous les deux rails pour consolider la fondation. La machine étant remise debout, et les rails placés sous les roues, on continuera la pose de la voie qu'on reliera à la ligne principale sur laquelle on remettra la locomotive. On aura plus de facilité pour la relever, si on vide la chaudière aussitôt que l'eau se sera assez refroidie.

Dans tous les accidens qui forment obstacle au passage sur la voie principale, il est de la dernière importance d'envoyer immédiatement une personne à 1,200 mètres environ en arrière pour donner au train qui suit un signal qui le prévienne de l'encombrement de la voie et l'empêche de venir s'y jeter inopinément.

---

Les qualités les plus essentielles que doit réunir un machiniste : sont la sobriété, l'assurance, l'activité, la présence d'esprit et une attention soutenue. Quand ces qualités se joignent à la connaissance des locomotives et des principes de leur conduite, elles ne contribuent pas peu à rendre les chemins de fer le mode de voyager le plus sûr comme le plus agréable.

---

## RÈGLEMENT

### POUR L'ADMISSION DES MACHINISTES, ADOPTÉ PAR LES DIRECTEURS DU CHEMIN DE FER DE LONDRES A CROYDON.

1840.

1°. Le candidat n'aura pas moins de vingt-un ans, et produira un certificat de bonne constitution et de conduite régulière.

2°. Il devra savoir lire, écrire et connaître, autant que possible, les premiers principes de la mécanique.

3°. Ce sera pour lui une grande recommandation que d'avoir travaillé à quelqu'art mécanique, surtout comme monteur de locomotives; il produira, si cela est possible, des pièces à l'appui.

4°. Si le candidat a été monteur ou machiniste ordinaire, il devra avoir été occupé, pendant plusieurs mois, comme chauffeur de locomotives sous la direction d'un machiniste capable et ayant de l'aplomb. Avant sa réception, il produira un certificat par lequel l'inspecteur des locomotives, ou au moins le machiniste avec lequel il aura fait son apprentissage, attestera qu'il a pleine confiance en son entente des locomotives et en sa capacité pour les gouverner.

5°. Si le candidat n'a jamais été monteur ou machiniste ordinaire, il devra avoir été occupé en qualité de chauffeur pendant deux ans au moins, et produira les pièces dont il est question.

6°. Si les directeurs l'exigent, pour plus de sécurité, le candidat subira un examen de la part de l'ingénieur ou de l'inspecteur des locomotives, ou de toute autre personne compétente, sur son entente des machines et sur la manière de les gouverner. L'examinateur consignera le résultat de cet examen dans une attestation qui sera présentée à la Direction.

7°. L'ingénieur ou l'inspecteur des locomotives du chemin de fer où se présente le candidat, signera une attestation constatant que, l'ayant interrogé et vu conduire une locomotive, il a confiance en son assurance et en sa capacité.

8°. Le candidat n'aura pleinement la charge d'une machine et d'un convoi, qu'après avoir conduit, pendant plusieurs jours, sous les yeux d'un machiniste expérimenté qui s'assurera de sa capacité en l'accompagnant sur la locomotive.

9°. Toutes les pièces précitées seront déposées entre les mains du secrétaire qui les remettra à leur possesseur, lorsqu'il quittera le service de la compagnie.

---

## TABLE DE VITESSES.

| Temps mis à parcourir | | VITESSE. |
|---|---|---|
| 1/4 kilomètre. | 1/2 kilomètre. | |
| Secondes. | Secondes. | Kilom. à l'heure. |
| 10 | 20 | 90,0 |
| 10,5 | 21 | 85,7 |
| 11 | 22 | 81,8 |
| 11,5 | 23 | 78,2 |
| 12 | 24 | 75,0 |
| 12,5 | 25 | 72,0 |
| 13 | 26 | 69,2 |
| 13,5 | 27 | 66,6 |
| 14 | 28 | 64,2 |
| 14,5 | 29 | 62,0 |
| 15 | 30 | 60,0 |
| 15,5 | 31 | 58,0 |
| 16 | 32 | 56,2 |
| 16,5 | 33 | 54,5 |
| 17 | 34 | 52,9 |
| 17,5 | 35 | 51,4 |
| 18 | 36 | 50,0 |
| 18,5 | 37 | 48,6 |
| 19 | 38 | 47,3 |
| 19,5 | 39 | 46,1 |

| Temps mis à parcourir | | VITESSE |
|---|---|---|
| 1/4 kilomètre. | 1/2 kilomètre. | |
| Secondes. | Secondes. | Kilom. à l'heure. |
| 20 | 40 | 45,0 |
| 20,5 | 41 | 43,9 |
| 21 | 42 | 42,8 |
| 21,5 | 43 | 41,8 |
| 22 | 44 | 40,9 |
| 22,5 | 45 | 40,0 |
| 23 | 46 | 39,1 |
| 23,5 | 47 | 38,3 |
| 24 | 48 | 37,5 |
| 24,5 | 49 | 36,7 |
| 25 | 50 | 36,0 |
| 26 | 52 | 34,6 |
| 26,5 | 53 | 33,9 |
| 27 | 54 | 33,3 |
| 28 | 56 | 32,1 |
| 28,5 | 57 | 31,5 |
| 29 | 58 | 31,0 |
| 30 | 60 | 30,0 |
| 30,5 | 61 | 29,5 |
| 31,5 | 63 | 28,5 |
| 33 | 66 | 27,2 |

| Temps mis à parcourir | | VITESSE. |
|---|---|---|
| 1/4 kilomètre. | 1/2 kilomètre. | |
| Secondes. | Secondes. | Kilom. à l'heure. |
| 34,5 | 69 | 26,0 |
| 36 | 72 | 25,0 |
| 37,5 | 75 | 24,0 |
| 38,5 | 77 | 23,3 |
| 40 | 80 | 22,5 |
| 41,5 | 83 | 21,6 |
| 43 | 86 | 29,9 |
| 44,5 | 89 | 20,3 |
| 46 | 92 | 19,5 |
| 48 | 96 | 18,7 |
| 50 | 100 | 18,0 |
| 52 | 104 | 17,3 |
| 54 | 108 | 16,6 |
| 56 | 112 | 16,0 |
| 58 | 116 | 15,5 |
| 60 | 120 | 15,0 |

FIN.

www.ingramcontent.com/pod-product-compliance
Ingram Content Group UK Ltd.
Pitfield, Milton Keynes, MK11 3LW, UK
UKHW020451180726
13839UKWH00004B/1768

9 782329 491295